AF396239

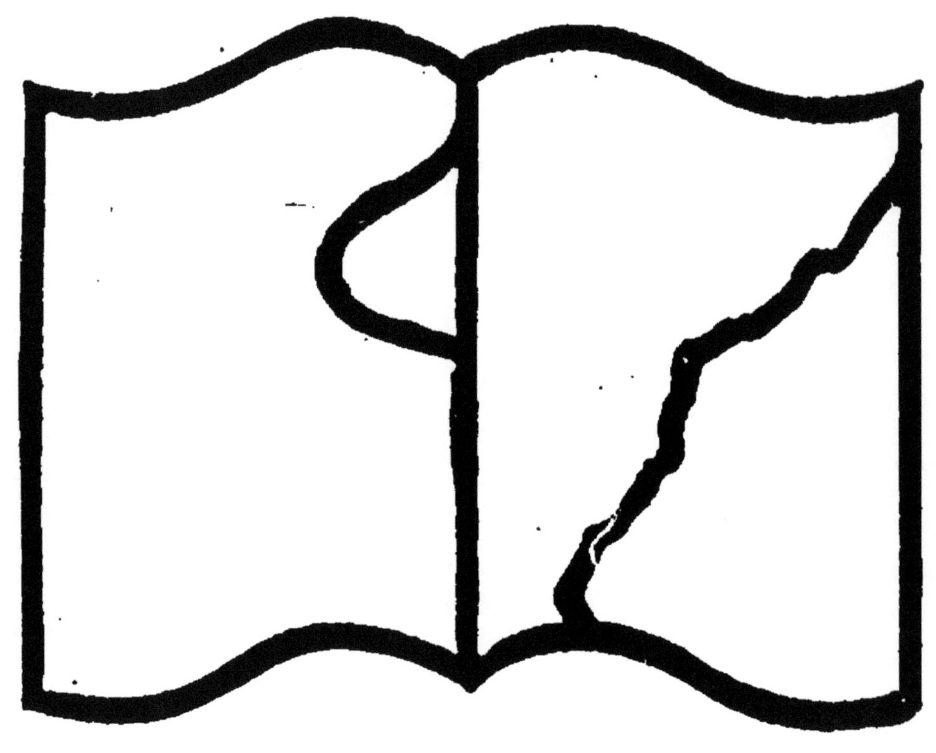

Texte détérioré — reliure défectueuse
NF Z 43-120-11

ERREURS

DE

L'OPTIMISME
SCIENTIFIQUE

DEUX LETTRES OUVERTES

A MONSIEUR LE DOCTEUR D. E. L., MÉDECIN A MADRID,

SUR M. METCHNIKOFF,

PROFESSEUR A L'INSTITUT PASTEUR, DE PARIS,

PAR LE

P. Zacarias Martinez-Nùnez, O. S. A.

avec l'Imprimatur de son Ordinaire.

Traduction de M. L. de CASAMAJOR.

Prix : 0 fr. 75

<table>
<tr><td>PARIS</td><td>ALBI</td></tr>
<tr><td>J. B. BAILLIÈRE et Fils,</td><td>ORPHELINAT SAINT-JEAN</td></tr>
<tr><td>19, Rue Hautefeuille.</td><td>Rond-Point St.-Martin</td></tr>
<tr><td></td><td>do.</td></tr>
</table>

ERREURS

DE

L'OPTIMISME
SCIENTIFIQUE

DÉUX LETTRES OUVERTES

A MONSIEUR LE DOCTEUR D. E. L., MÉDECIN A MADRID,

SUR M. METCHNIKOFF,

PROFESSEUR A L'INSTITUT PASTEUR, DE PARIS

PAR LE

P. Zacarias Martinez-Nùnez, O. S. A.

avec l'Imprimatur de son Ordinaire.

Traduction de M. L. de CASAMAJOR.

Prix : 0 fr. 75

DÉCLARATION DE L'AUTEUR

Nous considérons comme un devoir de décla-
rer que nous exposons ce qui nous paraît être la
vérité, même quand nous citons le témoignage
de l'Ecriture Sainte ; mais nous ne prétendons
nullement donner — soit une interprétation offi-
cielle de l'Eglise Romaine, — soit l'expression
de la Foi catholique.

DE CASAMAJOR.

AVIS PRÉLIMINAIRE

Deux fautes ont été commises par M. Metchnikoff, professeur de l'Institut Pasteur.

La première consiste à se servir de la science pour attaquer certaines thèses théologiques en s'appuyant sur les sciences naturelles ; la seconde, à faire preuve d'une assez grande ignorance historique pour attribuer à quelques membres d'une nation amie, des habitudes qu'ils sont loin d'avoir.

Cela manifestement a justement inspiré au P. Zacarias **Martinez-Nuñez**, *les deux lettres pleines d'esprit, de savoir et de logique, par lesquelles, dans* La Ciudad de Dios, *il répond triomphalement à certaines assertions de M. Metchnikoff.*

D'une part, il montre que les sciences naturelles ne doivent pas empiéter sur la philosophie et la théologie : c'est porter ses pas sur un terrain qu'un biologue, en général, ne connaît pas suffisamment, — c'est faire des liaisons qui n'existent pas, — c'est, par suite, aboutir à de fausses conclusions, comme la non distinction du corps et de l'âme humaine, la disparition complète de notre personne à l'heure de la mort, et le manque d'immortalité de notre âme.

D'autre part, il attribue aux Espagnols des croyances contraires à celles de la foi chrétienne qu'ils professèrent depuis l'Apôtre saint Jacques.

Aussi, appartenait-il au Père Martinez-Nùnez, — docteur ès-sciences, lecteur en théologie, définiteur provincial des Pères Augustins, ex-membre de la Société astronomique de France, disciple de l'illustre Cajal et associé de la Société d'histoire naturelle d'Espagne, de prendre la plume et de relever ces injustes et déloyales attaques.

Volontiers, il nous a autorisé à faire la traduction de son travail : « Vous avez la permission de traduire et de publier, sous la forme qu'il vous plaira, mes articles contre Metchnikoff. Je ne doute pas que vous le ferez promptement et bien. C'est une chose d'une actualité palpitante. Et mille remerciements. »

Sans doute, nous nous rapprocherons du texte original autant que faire se peut ; mais, *traductor traditor*, *le traducteur est parfois traître : nous éviterons ce reproche.

Voici donc les lettres du **P. Martinez-Nùnez**, traduites en français, pour multiplier le bien qu'elles peuvent faire en combattant l'erreur et le sophisme.

DE CASAMAJOR.

Cher ami,

Vous désirez connaître mon opinion — humble, mais franche et sincère —, sur la dernière œuvre d'Elie Metchnikoff, ayant pour titre : Etudes sur la nature humaine, essai de philosophie optimiste. Vous la trouverez en cette lettre qu'avec votre permission, d'autres pourront lire et, je dois le demander par courrier, Madame Metchnikoff,— à qui est dédiée l'œuvre, par cette phrase très brève : « Je dédie ce livre à ma femme. »

Croyez-moi, cher ami, si je vivais à Paris, ma première visite serait pour madame Metchnikoff ; et supposant qu'elle me reçut, je lui dirais :

A Madame Metchnikoff,

Madame,— Je suis un des nombreux Espagnols que vous, Français, pour avoir donné crédit à la phrase de Dumas, considérez encore comme une race inférieure aux races africaines. De là vient, il m'est pénible de le dire, que je sais lire un peu et, de temps en temps, je m'enhardis à interpréter une œuvre française. Je viens d'étudier celle de votre mari, vraiment illustre par tant de pensées, et je suis l'admirateur enthousiaste de ses découvertes scientifiques. Par là même, je suis fort peiné qu'il avance des erreurs, appuyées sur la science, dans le livre qu'il vous a dédié. Je croyais que cette œuvre était le fruit le plus exquis de son génie, parce qu'à une épouse aussi bonne que vous on doit toujours offrir ce qui est le plus excellent et le meilleur. Mais l'œuvre, nous dit-il dans le prologue, « n'est pas un travail achevé, d'où les faits cèdent la place aux hypothèses, parce que le sujet est inexploré et difficile et que « ars longa, vita brevis » ; ce que je veux dire, si vous ne savez pas la langue du Latium, c'est que le temps et la vie de l'homme sont bien courts et l'art, la connaissance ou la science des phénomènes naturels sont bien scabreux, trop étendus pour que l'homme puisse les dominer. Madame s'apercevra que je lui dédie un ensemble de suppositions ou d'hypothèses (bien que, dans la suite, elles soient données comme thèse), « un programme qui puisse être utile aux jeunes chrétiens qui sauront s'orienter dans leurs travaux. » La vérité, c'est que j'aurais pu vous offrir un don plus positif et plus sûr que cette philosophie optimiste qu'il ne l'est à cette époque de sciences expérimentales.

Voici : je vous considère comme une personne très cultivée ; je n'en doute pas, parce que je connais vos études sur le développement des têtards. Mais, permettez-moi de vous dire si l'étude des têtards, comme celle des phagocytes, peut être destinée à la publicité, « non parce que la loi le veut, mais parce que l'apprennent les personnes d'instruction supérieure et principalement le biologue » ; elle ne donne, d'aucune manière, droit à blasphémer sur les « hautes questions qui intéressent tant l'humanité malheureuse, ni à décrire devant le public, si l'on vous respecte, certains organes et appareils que je n'ai pas à nommer en cette occasion.

En résumé, M. Metchnikoff, — après vous dédié son livre et mon intérêt pour le salut de mon âme, de la vôtre et de vos enfants, si vous en avez, — m'oblige à venir auprès de vous. Et comme votre mari s'est placé à des hauteurs inaccessibles aux mortels, comme vous seule pourrez atteindre ces hauteurs, parce que l'influence de la femme sur son époux peut être seule toute puissante et efficace, daignez lui dire, de ma part, que Dieu ne l'a point appelé à l'apostolat ; qu'il cherche les phénomènes des phagocytes, mais qu'il ne s'aventure jamais en des erreurs appuyées sur des données scientifiques, ni à des blasphèmes théologiques — comme ceux qui sont contenus dans ce livre que vous devez soustraire aux regards de vos enfants. Ne faites point cas des conseils et de la félicité qu'offre votre mari à vous et à tous les hommes, parce que ces derniers sont très mauvais, — et la félicité à laquelle on nous prépare tous ne se distingue pas du suprême malheur qui conduit au désespoir. Allez, Madame, à la messe et invoquez la Vierge, modèle de toutes les mères et épouses ; n'oubliez pas les pratiques de piété que vous avez apprises depuis le berceau jusqu'au quinzième printemps, et je vous assure qu'avec cela, vous serez plus heureuse, en ce monde et en l'autre, qu'avec les conseils et les fausses promesses de votre mari. Ainsi soit-il.

Il est clair, cher ami, qu'avant de me jeter aux pieds de votre dame, je la mettrai au courant ; en sorte que je citerai, avec les paroles les mieux choisies et sans l'offenser aucunement, toutes les erreurs contenues dans le livre de son époux et je vais les aborder, avec la plus grande brièveté possible et sans craindre d'être blâmé par une dame dont les oreilles sont plus délicates que celles d'un médecin, quoiqu'elle tienne le stéthoscope dans le pavillon de l'oreille.

CHAPITRE I.

— « *On a dit que la science est impuissante à résoudre les grandes questions morales* ; **mais, voici ce qu'a fait la science, elle a détruit le fondement de toute Religion** ».

Pour démontrer que la vérité est la première affirmation, non la seconde, je pourrais répéter ce qui est dit dans les *Etudes biologiques*, au chapitre intitulé *science et libre-pensée*. Mais, il n'est pas nécessaire d'aller aussi loin pour faire voir que la première affirmation est une vérité très solennelle. Voilà pourquoi Metchnikoff continue :

« La science a donné à l'humanité le con-

seil qui lui venait de la Religion, *sans pouvoir laisser* à sa place une cause plus solide
et plus précise». Il est certain que M. Metchnikoff assure, aux dernières pages de son
livre, qu'il donne un conseil à l'humanité
et à la science, qui l'ignorent. Vous verrez bientôt quel bon conseil nous offre le
cultivateur de microbes et de phagocytes.
En cela, l'œuvre de Metchnikoff ne se distingue pas des similaires dont vous avez vu la
critique en *La Ciutad de Dios*, p. ex. : *le
discours de Berthelot* ; *l'Anthropologie
et la science sociale*, de *Topinard* ; *le
Nœud entre la science et la Foi et les énig-
mes de l'univers*, de *Hœckel*. *La sélection
sociale*, de *Lapouze* ; *Le délit, ses causes et
ses remèdes*, de *Lombroso* ; quelqu'autre
livre de Flammarion et Laloz; et il ne se distingue pas non plus des œuvres de Louis
Bourdeau, *Le problème de la vie et le problème de la mort*, traduits à une mauvaise
heure, et, en une heure plus mauvaise,
éditées par des Espagnols ignorants de la
Religion et de la science. Pour le reste,

le genre humain ne manque pas encore
du conseil de la Religion et de la Foi ;
des écrivains pseudo-philosophes, scientifiques et littéraires, se donnent à eux-mêmes
le titre d'apôtres de l'humanité présente
et future ; ils méprisent les mystères de
la mort quand ils ne connaissent absolument
pas les mystères de la vie. Pour être assuré
qu'on ne manquera pas ce conseil, M. Metchnikoff a recours aux édifices de la charité
catholique et aux églises de Paris. Quant
aux fondements de la Religion, détruits par
la science, je vous dirai que M. Metchnikoff
se reporte à l'origine de l'homme, à l'immortalité de l'âme et à la vie future dont
il parlera plus tard.

Il y a, dit-il, actuellement en l'humanité,
un certain malaise moral, dégoût et mécon-
tentement de la vie ; les suicides se mul-
tiplient avec toute espèce de crimes ; l'homme vit désorienté, sans guide et *sûr du
Nord.* La philosophie du siècle précédent
arrive au désespoir et au pessimisme.

Demandez-lui, Monsieur, quelles sont les

causes de ce phénomène extraordinaire, et ne vous attendez pas à la réponse franche et brutale du fameux anthropologiste de Turin.

Pour moi, il est évident qu'une des causes de l'augmentation du crime est la lecture des œuvres comme celles que nous avons citées, qui ont sur la multitude ignorante, avec ou sans lévites, la même efficacité que l'acide prussique quand on le mêle avec les globules rouges et les globules blancs du sang.

Ne parlez pas de remèdes à une si grande infortune, parce qu'il vous ferait rire. M. Metchnikoff n'est pas de ceux qui croient que l'homme n'arrivera jamais à résoudre le problème de l'existence : il assure, au contraire, que l'homme se débarrassera de toutes les inconnues et que la nature humaine soumettra des éléments suffisants pour établir une morale rationnelle. Pour ceux qui sommes pleinement convaincus, par la foi, la raison, la science et l'expérience, que ce problème est résolu et d'une manière unique,—depuis que Jésus a paru dans le monde, il y a vingt siècles,et prêché le Sermon sur la Montagne, mille fois plus beau que celui de Boudha prononcé, à Bénarès, suivant le souvenir de M. Metchnikoff — ces paroles sont sans sens et vides de signification.

Oui, les Grecs adoraient la nature humaine et avaient en horreur tout ce qui pouvait l'altérer. Que les hommes aient ou non commencé à se raser, comme l'assure M. Metchnikoff, depuis les temps macédoniens, il est certain que, selon les Grecs, le défaut de barbe et de menton était humiliant pour un homme quelconque. Pour moi, que tous se laissent le menton et la barbe ; les uniques protestants seront les barbares. Mais, malheur à M. Metchnikoff le jour où triompheraient ses idées ! Qu'il tienne pour certain qu'il devrait se raser ! Si cela était la chose unique désirée par M. Metchnikoff pour rendre l'homme heureux, nous n'aurions rien à dire. Mais, ce biologue, comme l'apôtre espagnol de l'amour libre; D

Hyacinthe Octave Picors, (écrivain pur, mais égaré et sectaire), en son *Discours* d'entrée à l'Académie des Beaux-Arts, demande que, à la ressemblance des Grecs, nous consacrions un culte à la chair et au sang, à la statue vivante, avec toutes ses misères d'ordre physique et moral, avec ses instincts pervers et incorrigibles, avec ses appétits inassouvis, et ses tendances peccamineuses pour ce qu'il appelle « faim de plaisir ». L'idéal de l'homme est la jouissance, comme le proclament les épicuriens : « jouir, jouir, couronnons-nous de roses ; car, demain, nous mourrons ». Et Sénèque, quand il dit : « Prends la nature pour guide, la félicité consiste à vivre conformément à la nature » ; et le philosophe écossais Hutcheson quand il affirme que « tous les péchés sont légitimes et que la satisfaction d'une espèce quelconque doit se considérer *comme la vertu la plus sublime* ».

Cher ami, ne croyez pas que j'exagère : ce sont des paroles textuelles. Si je vous dis que M. Metchnikoff sanctifie jusqu'à l' « ona-

nisme » et les « péchés contre nature »
(pag. 123 et 126), vous demeurez épouvanté. De là vient que, ignorant absolument les doctrines de l'Eglise sur le corps et sur l'âme et confondant, en une croyance unique, les fakirs indiens, les boudhistes et les catholiques, il lance, comme Jupiter, des rayons et des éclairs contre les macérations de la chair rebelle, les pénitences et les vigiles, les jeûnes et les martyrs et le culte de la douleur. L'ascétisme est brutal, puisqu'il pervertit, jusqu'au dernier degré, les instincts innés de l'homme, parce qu'il a falsifié l'art, depuis les temps helléniques, de manière que, au dire de Lecky, M. Metchnikoff (et Octave Picors, qui l'affirme aussi dans le discours cité), les excellents artistes chrétiens ne valent rien ou presque rien, depuis Giotto et Cimabrie, jusqu'à Raphaël, Michel-Ange, Vélasquez, Montanés et Murillo.

Il me semble que l'exposition de ces idées en est une suffisante réfutation et qu'est mise en évidence la souveraine pédanterie,

l'épouvantable brutalité de ses extrava-
gants défenseurs et leur manque de dignité
et de décorum. Il n'est pas étonnant que
l'idée de mortification ne pénètre pas dans
l'âme impassible et dans le cerveau rachiti-
que d'un «homme de plaisir». L'humanité a
donné son vote, en cette question, depuis
bien longtemps, aimant St Antoine ou St
François d'Assise et haïssant Héliogabale et
Néron. Ce que je ne puis comprendre, c'est
que des hommes qui ont des enfants et
parlent à des jeunes gens, disent ces choses,
à l'époque de sensualité dans laquelle se
déploie la diminution du Peuple français.
Je doute beaucoup que l'art gagne quelque
chose à mettre ces idées en pratique ; mais,
je ne douterai jamais que l'humanité se sui-
ciderait à se vautrer par le jeu de la vie
animale et inférieure, sans aucun idéal
noble et élevé, pour diriger les sentiments
et les aspirations de son âme. L'art serait
inférieur à celui des Grecs ; mais, la morale,
appelons-la ainsi, ne serait pas celle des
peuples sauvages, si ce n'est celle qu'on

trouve aujourd'hui dans l'union des habitants des forêts ; dans les loups, les tigres et les panthères.

M. Metchnikoff tache de noircir l'auguste nom de Léon XIII, parce que, dans son Encyclique sur les francs-maçons (1884) mal citée par supposition, il dit que la nature humaine est blessée et plus inclinée au vice qu'à la vertu ; qu'il est absolument nécessaire, pour obtenir **l'honnêteté**, de réprimer les mouvements tumultueux de la chair et soumettre les appétits à la raison. Mais, Léon XIII constate *un fait expérimental*.

Qu'il mette la main au cœur, le biologue de l'Institut Pasteur, et qu'il dise sincèrement si l'on n'a pas à soutenir une lutte contre ces mouvements. Pour les apaiser, il y a l'ascétisme avec ses pénitences, les jeûnes et les vigiles ; et les héros, les saints et les martyrs, qui forment la gloire et la splendeur de l'humanité, consacreront à cela un temple et un culte comme les épicuriens, les matérialistes et les libre-penseurs dédieront aussi un temple au «Bœuf gras» et un culte au «dieu Bacchus».

CHAPITRE II.

« La question de la nature humaine a beaucoup intéressé ; il faut la soumettre à une étude rationnelle, guidée par les méthodes scientifiques rigoureuses, en laissant voir ses perfections et ses imperfections».

Je ne trouve aucun inconvénient à ce que cette étude se réalise ; mais, il ne sera pas possible de la réaliser comme le veut M. Metchnikoff , puisque les méthodes scientifiques modernes et expérimentales atteignent seulement la partie inférieure ou le corps de l'homme, — jamais la partie plus supérieure et plus élevée,— si l'on ne démontre d'abord :

Que la sensation est la même que l'excitation mécanique ;

Que l'idée ne diffère pas de la sensation ;

Que l'âme est identique au corps ;

Et que les pensées et les sentiments moraux peuvent se mesurer avec le galvano-mètre, le compas, l'appareil de Mossa ou le sphéromètre de Marey.

Pour que cette lettre ne soit pas trop longue, je vais supprimer le jugement que me paraît mériter ce chapitre second.

En premier lieu, parce que le temps nous manque pour parler d'autres chapitres plus intérssants ; ensuite, parce qu'il traite des harmonies et des « inharmonies » qui se trouvent dans les êtres de l'échelle zoologique jusqu'à l'homme.

Pour résoudre les questions de l'humanité, je ne sais quelle sorte d'enseignement nous pouvons déduire de l'étude de la nature des orchidées, des fougères arborescentes, de la vanille aromatique, des coccinelles et des scorpions.

Mais, je ne puis passer sous silence une idée que nous communique M. Metchnikoff et qui doit parvenir aux oreilles du genre humain... Avant l'apparition de l'homme, il y a eu des êtres heureux et d'autres avec aventure : s'ils avaient pu nous communiquer leurs impressions, les heureux, comme les orchidées, se seraient déclarées *optimistes* à M. Metchnikoff, et les autres, comme les coccinelles, pessimistes comme Loperdi et Schopenpauer.

Vous avouerez que cela est bien délicieux et bien scientifique.

CHAPITRE III.

Dans le chap. 3ᵉ, M. Metchnikoff désire
faire voir comment la science a détruit le
premier fondement de la Foi et de la Religion, en *démontrant* l'origine simienne de
l'homme. Les livres fameux de Darwin, tant
de fois cités dans **la Ciutad de Dios** et
La place de l'homme dans la Nature
d'Huxley, ont mis en relief les analogies qui
existent entre l'homme et le singe.

Chez les deux sont égales ou semblables
les dents et la dentition, celles de lait et les
dents permanentes, sauf les canines plus
grandes chez les singes et les racines des
fausses molaires plus compliquées dans le
Gorille. Semblable encore le type discoïdal

du placenta et du cordon ombilical, et même le cœcum du chimpanzé qui souffre peut-être de l'infirmité appelée *appendicite*.

Les embryons paraissent beaucoup, bien que M. Metchnikoff les défigure au scandale de la science ; seulement, le visage des singes est proéminent et montre une bestialité que n'a point la figure de l'homme. Egalité entre les parasites qui vivent dans l'intestin de celui-ci et de ceux-là.

Donc.... *donc*, l'origine animale de l'homme est bien fondée, et l'homme peut se considérer comme le *fils prodigue* d'une anthropoïde, qui est né avec une intelligence et un cerveau supérieur à ceux de ses ancêtres. (p. 68 et 70.) : « Les premiers hommes étaient peut-être des fils de génie nés d'anthropoïdes (p. 73.) ».

Je confesse, M. le Docteur, que, parmi tant de défenses de la théorie transformiste que j'ai dû étudier, je n'en ai rencontré aucune plus faible, plus superficielle et plus pauvre que celle du biologue de l'Institut

Pasteur. La faiblesse du raisonnement et le manque absolu de logique sautent à la vue.

On voit, comme symptôme déplorable, que dans le cerveau de M. Metchnikoff vont se lever, au bout de leur opération destructive ; les phagocytes appelés *neurophages*.

Pourquoi ! Comment est-il possible de déduire de la ressemblance de deux êtres leur descendance commune !

Les transformistes n'ont pas encore répondu à cette simple demande.

Ils supposent la même chose qu'ils doivent prouver.

Que me diriez-vous, si j'affirmais que, comme dans l'organe de la vision des cancres, on a rencontré, dans la rétine, le manteau des bâtons et des cônes (supposons-le), il s'en suit, comme conséquence logique, que les cancres et l'homme ont une origine commune ou sont proches parents ?

Avec cette méthode nouvelle de raisonnement, on explique fort bien la confusion effrayante qui commande, aux écrivains transformistes, d'indiquer l'origine des vertébrés. L'un croit qu'ils descendent d'êtres inconnus encore; l'autre dit que les ancêtres primitifs furent les annélides ; un 3ᵉ assure, sur la parole d'honneur, que les ancêtres vrais, ce sont les mérostomes primaires ; celui-ci là-bas le titre paternel au *Bala-na glossus* ; ceux-là le réclament respectivement pour les arachnides, les crustacés, les appendiculaires, etc., etc... et ils ne manquent ceux qui cherchent l'origine de l'homme chez les animaux du genre *sus*, parole que je ne cherche pas à traduire par révérence à la langue de Cervantés.

Mais, le fait est qu'il n'y a pas de telles ressemblances entre l'homme et les singes anthropoïdes, qui constituent, en grande partie, les différences de leur respective disposition anatomique. Celui-ci se distingue de ces singes et de tous les singes connus et pour n'avoir pas les caractères suivants : l'espace intérieur de la capsule crânienne et le poids du cerveau, le développement caractéristique, le plus grand nombre et la plus grande variété des circonvolutions cérébrales, puisque vous savez déjà que ce développement est inverse chez l'homme et chez les anthropoïdes, et que les cellules des circonvolutions frontales et pariétales sont plus grandes et plus nombreuses dans le premier, ainsi que les expansions cellulaires, plus larges et plus compliquées l'anastomose et toute la texture du cervelet gris ;

Il se distingue par certaines « voies motrices » de la moëlle épinière et de l'encéphale par le lobule occipital ;

parce que la tête repose verticalement sur la colonne vertébrale, souvent d'un côté ou de l'autre et paraît seulement, en cas fort rares, semblables à celle des singes à l'âge enfantil, jamais plus ;

parce que les trois os qui constituent le sommet du crâne, l'occipital et les deux sphéroïdes forment chez l'homme une courbure double, et chez les anthropoïdes une seule ligne ;

à l'ordre des sutures, la situation du trou occiput qui est horizontal, la position de l'ouïe, des arcs zigomatiques et des arcs superciliaires avec relation au front ;

Par l'angle facial, l'angle crânéo-facial et l'alvéolo- condile, l'angle sphénoïdal et l'orbite-occipital, bien mesuré par Broca ;

Par l'absence de diastème ou barre et l'ordre avec lequel apparaissent les dents et par ce que nous en avons dit ;

Par la racine des fausses molaires, le volume des grandes, la courbe mandibulaire parabolique et la couronne de la dernière molaire inférieure.

Ils *diffèrent* par le nombre de vertèbres, puisque bien que chez le chimpanzé, il y en ait 24 comme chez l'homme,— on trouve 13 dorsales, et chez l'orang- outang, chez le gorille, on en compte 23 ;

Par la courbe zigmoïde de la colonne vertébrale, convexe au cou , concave au dos, convexe à la région lombaire et de nouveau concave à la région sacrée ;

Par l'*ampleur* du bassin et la forme des os coccygiens et par l'absence d'un *autre* que vous savez par l'anatomie comparée et dont je ne puis dire le nom par respect pour le lecteur ;

Par la brièveté des bras, la section circulaire de la cuisse ;

Par le manque d'articulation mobile du torse avec le gros doigt du pied, de l'escaforde et des cuboïdes, de l'astragale et du calcaneum.

Par la longueur du pouce de la main, le muscle « indépendant » et fléchisseur de ce pouce ;

Par certains muscles de la figure et de la cuisse et de la jambe, et par le faible développement des dorsales et par la notable distinction des muscles du larynx, par le nez et le poil, ici considérés comme conjoints, là en fils transversaux et microscopiques ;

Par la station verticale de l'homme qui est « bipède et terricole », et même par les éléments générateurs masculins et féminins qui se distinguent aujourd'hui parfaitement de leurs semblables chez les anthropoïdes. Si vous désirez, cher ami, d'autres données encore, consultez l'œuvre magistrale du grand anatomiste Ranke et d'autres, aussi très modernes d'embryogénie et d'anatomie comparée qu'a cités, en differents lieux, *La Ciutad de Dios*, et vous serez convaincu de ce que je dis en premier lieu :

« Si l'homme descendait des singes anthropoïdes, les sauvages inférieurs, v.g... les Papous, devraient paraître plus semblables à eux par la conformation totale et les proportions principales de leur squelette, et ils sont précisément l'extrême contraire.

Quant à l'Embryogénie, je vous dirai que cette science prouve quelque chose, c'est l'opposé des affirmations transformistes ; parce que si d'un ovule fécondé sort un anthropoïde et d'un autre un homme, la logique nous autorise à dire que les forces agissant en l'une sont différentes de celles qui opèrent en l'autre. Au surplus, le type discoïdal du placenta et du cordon ombilical, la ligne et le sillon primitif de l'embryon, l'amnios et l'allantoïde, etc. etc., sont des dispositions anatomiques qui peuvent

du soleil, ils demeurent si frais. Ainsi, par exemple, M. Metchnikoff maintient dans les chapitres que je critique, que ne sont pas exagérées les différences. Lui et ses collègues, depuis Darwin, ils n'ont suivi un tel procédé que pour grouper les ressemblances. Si nous en avions fait autant, je vous assure que l'homme et l'anthropoïde se ressembleraient dans les livres et dans les figures, comme un œuf ressemble à la chataigne.

CONCLUSION DE CETTE 1re LETTRE.

Résumé. — Aux caractères différents qui séparent l'homme, anatomiquement considéré, de toutes classes de singes, et qui suffisent, au dire d'Aby, pour former, avec l'homme, une île à part dans l'échelle zoologique, ajoutez l'abîme insondable des puissances humaines de l'entendement ; du langage, la liberté et le progrès en tout ;

caractères dont chacun vaut infiniment plus que l'ensemble des organes, et dites-moi : « si la science a détruit le premier fondement de la Religion », celui qui fait connaître l'origine de l'homme.

Mais la science ne parle pas et ne peut parler ainsi ; quiconque parle de cette manière, comme une femme *insensée*, est D. Fulano ou D. Mengano, Haekel ou Metchnikoft.

Si la science n'était point impersonnelle, si elle était une dame avec un pouvoir sans limite, pour donner des soufflets, combien devrait-elle en distribuer entre les fils prodigues qui se sont écartés de son sein, pour s'alimenter avec des substances nutritives dont s'alimente le troupeau d'Epicure chaque jour plus nombreux !

Enfin, cher Docteur, cette lettre va devenir plus longue que je ne voulais. Pour que vous puissiez avoir mon jugement franc et sincère sur le nouveau livre de M. Metchnikoff, vous en attendrez un autre qui sera plus amusant et plus scientifique.

De vous, je suis le très affectueux et dévoué serviteur et ami.

P. Zacarias Martinez-Nunez.

A. S. A.

CHER AMI,

Nous arrivons aux chap tres 4e, 5e et 6e, où M. Metchnikoff parle des fautes d'harmonie dans l'appareil digestif, dans l'appareil générateur et dans l'instinct de conservation en l'homme.

CHAPITRE IV.

La forme humaine, dit-il, considérée en sa totalité, est la plus belle qu'on puisse imaginer ; et on ne peut la perfectionner par aucun moyen. L'idéal des anciens se trouve pleinement réalisé en notre corps tel qu'il est, sans qu'il soit nécessaire d'y ajouter les ailes d'un oiseau ou d'autres organes d'animaux différents.

« Les fanatiqnes de quelques Religions,
« avec d'inutiles efforts et le mépris de la
« réalité, ont cherché à altérer cette forme
« qui est parfaite et sublime » (pp. 77 et
172). De telles tentatives doivent être re-
poussées par tous. Mais, ayez soin de ne
pas oublier que, pour la beauté, nous
nous reportons à l'homme et à la femme
jeunes ou adultes. Car, on sait qu'en la
vieillesse, la peau se ride, et la lumière
s'éteint pour les yeux ; qu'il n'y a « déjà »
plus de dents d'ivoire parce qu'elles tombent, ni des joues rouges, ni des lèvres de
corail parce qu'elles deviennent ridées et
parcheminées, et ce qui fut rose de printemps paraît chardon d'automne.

Je crois que l'organisation du corps humain, qui est celle à laquelle paraît exclusivement se reporter M. Metchnikoff, puisqu'il
n'admet pas l'existence et la réalité de l'esprit, est une œuvre modèle, dans l'échelle
zoologique, et contient tant de merveilles de
science, d'art, de calcul, réalisées, qu'elles
obligent le matérialiste, peu éclairé ou plus

aveugle, à reconnaître la main du grand Ouvrier de tels prodiges. Néanmoins, M. Metchnikoff traite de la forme du corps humain et des traits de sa figure comme l'entendaient les Grecs, en affirmant que la beauté de la femme et de l'homme « est parfaite et sublime ». Or, vous savez, cher Docteur, que les statues vues de loin ne sont pas ce qu'on aperçoit quand on est près, que le type de beauté hellénique était idéal et abstrait, parce que l'angle facial que donnaient à leurs œuvres les sculpteurs grecs, était l'angle droit qui ne se trouve pas dans la nature, si nous devons croire l'Anthropologie. En échange, on rencontre en ces mondes de Dieu, une multitude de types vivants plus laids qu'Esope, qui était réellement laid, selon ce que racontent les histoires.

Mais, à proprement parler, telle n'est pas la beauté dont parle le biologue de l'Institut Pasteur, c'est-à-dire la beauté qui provient des proportions harmoniques ; il considère la beauté sous l'aspect de l'utilité, parce qu'il arrive à dire : « De telles considérations ne peuvent s'appliquer à l'organisme de l'homme et à leur union ; la nature humaine a des différences plus remarquables que nous allons mettre en relief afin que les fanatiques qui regardent seulement un côté de la médaille ne voient pas là la manifestation d'une *force supérieure* qui organise et dirige tous les phénomènes naturels.

Comme vous le comprendrez, M. Metchnikoff confond, en une seule, deux causes différentes, et de plus se contredit d'une manière pitoyable.

Pourquoi « si la nature humaine est la forme la plus belle qu'on puisse imaginer, est-il ridicule d'essayer de la perfectionner ? (pp. 77 et 172). N'est-ce pas là qu'on est conduit en parlant des « inharmonies », en cherchant à supprimer certains organes ou appareils, comme le désire M. Metchnikoff ! Faisons abstraction de ces observations, que le four n'est point pour de petits pains esthétiques, comme si nous digérions du *pain français*. Metchnikoff considère, pour une partie, l'organisme de l'homme comme le

meilleur possible : pour l'autre il voit, dans
les défauts, ce qu'il convient de réparer s'il
se peut. Et cela se pourra avec le temps et
les progrès de la chirurgie future, puisque
la chirurgie moderne n'y est pas encore
arrivée d'une manière définitive. Mais, il
n'est pas vrai que l'organisme de l'homme
soit le meilleur possible ; quand il parle
d' « inharmonies », le raisonnement de M.
Metchnikoff a pour base une fausse supposition. Parce que vous ne nierez pas que si
un homme était doué d'un crâne un peu plus
dur pour renforcer et défendre la masse
encéphalique et ne pas admettre quelques
assertions tirées de faits scientifiques ; si cet
homme avait des névromes avec toutes les
relations possibles (et il l'aura, la sélection
aidant, comme l'assurent ceux qui voient en
lui le *super-homo* ou l'*ultra-vertébré* ;) si
cet homme avait de plus la vue de l'oiseau
ou du reptile et d'autres organes par lesquels actuellement l'emportent les êtres
divers de l'échelle animale ; s'il était impé-
nétrable à la chaleur et au froid extrêmes,

exempt des infirmités de tout genre qui l'oppriment aujourd'hui, même de la vieillesse et de la mort, en des campagnes d'un éternel printemps avec des banquets et des plaisirs abondants... je crois que cet homme matérialiste, considéré avec des yeux matérialistes, serait mieux organisé que l'homme actuel et serait plus heureux. En ce cas, ils seraient de trop les efforts de Metchnikoff ou de la science future pour changer la vieillesse et la mort, « aujourd'hui pathologiques, en naturelles, puisqu'il n'avait point pensé à elles. »

Mais, cher ami, je n'ai point à faire cette illusion que « la nature humaine » est la meilleure possible, parce que les preuves sont nombreuses. « En la peau humaine, il y a quelques poils microscopiques incapables de défendre contre le froid et sont un domicile constant de maudites bactéries ; les dents de sagesse n'influent nullement sur la mastication, et en échange sont l'origine de perturbations organiques, comme les caries, les tumeurs, etc. etc. ; l'appendice du cœcum nous est fort nuisible, parce que parfois il s'oblitère et cause l'appendicite ; le cœcum entier se conduit en voie de régression manifeste et tout le gros intestin qui rend de si importants services aux animaux herbivores, est surperflu en nous ; il est même nuisible au plus haut degré, parce qu'il contient des résidus en putréfaction et donne une hospitalité horrible au ténia et à une multitude de microbes, cause de la dyssenterie au Tonkin et de tumeurs malignes dans les hôpitaux de Prusse. Combien plus heureux que nous sont les amphibies, les oiseaux et les reptiles, qui n'ont nullement besoin de gros intestins ! ».

J'ignore ce que vous opposeriez à de telles modifications. Il me semble qu'elles n'ont rien de particulier, puisque nous avons convenu en quoi cette terre est « une vallée de larmes », et en quoi le corps de l'homme n'est pas le meilleur possible, puisque « né de la femme, il demeure plein de désordres et de misères, comme l'assure le saint homme Job. Il est vrai que Dieu fit l'homme *paulo minus ab Angelis* ; mais, comme dit l'ingénieux docteur Mariscal ce *paulo minus* nous ennuie un peu.

Puis, Adam nous a nui au complet, en mangeant la pomme dans les bois , sources de l'Eden. Il serait intéressant de savoir si notre père commun avait ses différences, en son corps, avant de sortir du Paradis. Je crois que non ; pour le moins, qu'il ne souffrit point de l'appendicite. Je crois qu'en ces terres ou dans ce jardin , elles servirent de quelque chose à Eve et à Adam, les dents de sagesse et le fameux intestin ; que l'aberration était corrigée dans l'organe de la vue, que les microbes ne se logeaient ni dans l'intestin ni dans la peau ; que toutes les cellules, organes et appareils demeuraient et fonctionnaient en harmonie et de concert, parce que Dieu avait fait l'homme parfait.

Mais, cher ami, *après la chute*, la mort est entrée avec le péché et, comme nous l'enseigne la Religion, puisque la Science ne nous donne sur ce point aucun rayon de lumière, le Châtiment s'étendit à toutes les régions, et de même que l'intelligence est demeurée obscurcie, la volonté infirme, et la liberté plus inclinée au vice et au mal qu'à la vertu et au bien, ainsi les effets de la catastrophe durent atteindre tout l'organisme de l'homme qui, sans cesser d'être merveilleux, fut, dès ce moment, exposé aux infirmités, précédant la mort à laquelle il n'était pas soumis, non par nature, mais par grâce.

Par supposition, toutes les affirmations de Metchnikoff sont discutables. De la même manière, nous pouvons déplorer que les poils microscopiques de la peau humaine servent de domicile aux bactéries dangereuses, et nous réjouir parce qu'elles retiennent et empêchent de pénétrer dans l'intérieur, comme le fait la même peau avec les aspérités et les graisses qui la recouvrent.

Je m'en rapporte aux expériences de Physalix et de Charrin.

Avec un bain et quelques frictions en des conditions opportunes, les bactéries disparaissent. Et il n'est pas démontré que ces poils soient inutiles dans les climats froids, où ils croissent habituellement, ni que le soient non plus les organes restants dont parle Metchnikoff. S'ils le sont, pourquoi ne parvient-il pas à les supprimer par la sélection naturelle, sur laquelle comptent Metchnikoff et ses compagnons ? (P. 47.) Si la sélection naturelle, comme ils l'entendent, n'a pas servi pour cela après tant d'années de la vie humaine sur la terre, il est probable qu'elle n'y aboutira pas. Non ; il n'est pas vrai encore que les dents de sagesse n'influent, d'aucune manière, sur la mastication; on ne peut dire, au nom de la physiologie, que le gros intestin est aussi complètement inutile. Généralement, l'humanité a la coutume d'invoquer Ste Barbe quand il tonne, et personne n'a le même avis quand il s'agit du foie, de l'estomac, des reins ni des dents de sagesse jusqu'à ce *qu'ils appellent l'attention* avec leurs douleurs aiguës. Nous oublions les avantages qu'ils ont pour nous et connaissons beau-

coup les désagréments qu'ils nous causent.
Nous savons bien peu sur les organes cités
et il est injuste de les accuser de calomnies.
Autrefois, on disait aussi qu'étaient inutiles
les capsules supra-rénales, la rate, le hymus,
le hyroïde, etc. etc. ; actuellement, avec le
peu que l'on connaît d'eux, on s'accorde pour
dire qu'il n'en est pas ainsi. Quand on étu-
diera plus et mieux ces organes on arrivera
peut-être à une conclusion identique. Ce qui
est maintenant obtenu, c'est que les « dents
de sagesse » n'ont pas de rapport avec
le bon sens de certain savant moderne, bien
que celui-ci ait les quatre dents intègres et
saines et que le gros intestin « doive con-
tribuer un tant soit peu » à l'élaboration
des composés ammoniacaux de l'hydrogène
sulfuré, des acides gras, comme l'indol,
et le phénol, etc, etc. Je désirerai connaître l'opinion d'Avelino Gutierrez. L'unique conséquence logique que nous pouvons
tirer de tout ce qui précède, c'est que, dans
le corps de l'homme, il y a des organes
plus délicats que d'autres, et plus exposés

aux influences de la lutte pour la vie que l'homme doit soutenir à l'intérieur et au dehors de son organisme.

Mais, il est bien original le raisonnement M. de Metchnikoff.

L'homme peut vivre sans appendice puisque la chirurgie le prouve en l'enlevant ; l'homme peut vivre sans le gros intestin, comme l'ont prouvé les opérations faites par Korte et par Ciechomineski sur une vieille ouvrière de Varsovie. Donc, ces organes sont inutiles.

Que me répondriez-vous, mon ami, si je disais : « Vous désirez faire une promenade par le monde, et vous visitez une foule de boiteux, d'aveugles et de sourds, de manchots et de privés de leurs dents, etc. etc, qui vivent parfaitement. Donc les dents, les yeux et les oreilles, les bras et les jambes sont inutiles ? »

Le sens commun nie qu'il y ait là une conséquence logique ; donc, elle l'est aussi pour celle que détruit le biologue de l'Institut Pasteur. Mais, parlez, vous, à ces Messieurs, de la métaphysique, qui ne traite pas des dents de sagesse !

Avec la simple observation que nous avons déjà faite, savoir : que l'organisme de l'homme n'est pas le plus parfait possible, les blasphèmes des libres-penseurs demeurent détruits , et ils en disent beaucoup en décrivant « la machine vivante ». Que l'organisme de la vue ne tienne pas bien corrigée l'aberration , comme l'annonce Helmkolz, qui, en échange, était dans l'enthousiasme, de la ridicule explication de Darwin. Et quoi ? Savez-vous si Dieu le fabriqua ainsi ? Peut-on nier que le « constructeur » de cet organe savait à merveille les lois de l'optique, comme le disent, pleins d'admiration et de surprise , Newton et Euler ? Supposons que l' « ouvrier » l'ait construit de cette manière et qu'il put le faire plus parfait. Je le concède.

Mais, vous le devait-il un peu ?

Non ; donc, s'il ne le fait pas comme vous le désirez, ce fut, sans doute, parce qu'il ne le trouve pas à sa convenance.

Qui donc êtes-vous pour lui demander des comptes ! Il a trop fait pour plaire à l'humanité, et trop fait de souffrir l'ingratitude des hommes, pires encore, dit un mystique, que les individus du genre *Sus* qui ne regardent point la main qui leur lance l'aliment. Pourquoi les hommes voyant cette main, ne la baisent-ils pas et crachent-ils sur elle ? Et encore, ils se plaignent de ce qu'il y ait l'appendicite, la tuberculose, le scorbut et la colique saturnine, la scarlatine, la coqueluche et la rougeole ! Si Dieu n'était pas patient parce qu'il est éternel, au dire de Tertullien (non de St Augustin, auquel on attribue fréquemment cette phrase), ce qu'il devait faire, c'est de supprimer, encore une fois, les merveilleuses défenses organiques et de laisser multiplier librement, non pas les phagocytes neurophagos, mais quelques bacilles. Avec deux, il y en avait assez pour donner la mort à l'humanité entière. Alors, oui, ces savants appuyés sur l'expérience, invoqueraient le pouvoir qu'ils nient maintenant,

CHAPITRE V.

Je ne cherche pas à parler des inharmonies « de l'appareil générateur », dont il est traité dans le *cinquième chapitre*, pour diverses raisons : par respect pour la femme de M. Metchnikoff ; puisque son mari ne l'a point respectée devant le public, parce que ce sont des questions dont l'Apôtre dit : « *nec nominentur in vobis* » ; et tenant compte que **La Ciutad de Dios** n'est pas un livre d'anatomie descriptive ou générale, parce que le même Metchnikoff déclare que « rien d'essentiel ne manque pour la procréation de l'espèce.» et il ne doit pas demander des choses impossibles ; et parce que j'ai prouvé ailleurs que tout ce qu'il dit, de cette matière, prouve le contraire de ce qu'il cherche. Le sens sexuel et précoce dans la jeunesse et l'amour stérile dans la viellesse, non seulement ne constituent pas des phénomènes inharmoniques ; mais, ce sont des harmonies à lettre juste, puisque l'un indique la fin auquel il est destiné, et l'autre le terme auquel il aboutit.

De ce qu'il ne peut me persuader, c'est ce qu'assure, d'un ton olympique, M. Metchnikoff : « Que l'homme se distingue des singes beaucoup plus par ses organes sexuels que par son cerveau » ; parce que là se remarquent deux ou quatre différences très notables et je n'ai qu'à les ajouter aux antérieures ; mais, ici, elles dépassent quinze et il rature ; sans tenir aucun compte ni de l'intelligence ni de la volonté.

CHAPITRE VI

Le *chapitre sixième* traite du défaut d'harmonie dans l'instinct de la conservation. Les garçons, à la vue d'un cadavre, sont épouvantés et ont une crainte horrible de la mort. Elle est très fréquente cette crainte dans la jeunesse et ainsi on explique fort bien que les idées pessimistes surgissent à l'âge de la jeunesse. Schopenhauer a exprimé les siennes à l'âge de trente ans, Hartmann, à celui de 26. En échange, les vieux quoiqu'ils ne se voient pas libres de la crainte horrible de la mort, sont optimistes ; ils ne désirent vieillir nullement ni jamais mourir ; ils ressemblent aux femmes qui aiment beaucoup plus leur beauté quand elle est changée en parchemin. Ceci s'explique par l'atrophie sénile ; parce que les phagocytes neurophages rompent l'équilibre cellulaire, en dévorant les éléments nobles de l'organisme. Puis, vient l'entreprise avec Cakyamuni, Tolstoï, etc, etc. Ici, je ne les donne pas toutes.

CHAPITRES VII, VIII, IX et X.

Pour combattre en entier, ce qu'il affirme dans *le dixième chapitre*, il se présente à moi une observation simple : si la cause de la crainte de la mort, dans les vieux, provient des phagocytes neurophages qui rompent l'équilibre cellulaire et vont dévorer les cellules nerveuses et musculaires qui sont soutenues par les cellules grossières du tissu conjonctif hypertrofié, comment se fait-il, cher Monsieur, que dans le tendre enfant, dans l'adolescent et dans l'adulte, où n'existe pas cette hécatombe sanglante, se trouve cette crainte de la mort avec une intensité plus vive que dans les anciens ? Quelle classe de phagocytes, absolument inconnus, possèderaient, en la substance grise, Léopardi, Schopenhauer et Hartmann ?—

Accordez les bouts, si vous le pouvez ; je me déclare inhabile pour cela.

Permettez, ami Docteur, pour les chapitres suivants, que je sois bref dans les commentaires, parce qu'il n'est pas nécessaire d'être long pour les juger, même traduits ; j'ai pris la résolution de n'écrire que cette lettre, pas plus, non deux volumes de critique scientifique entre choses fausses et vraies, parce qu'il y a des questions qui ne peuvent se traiter au sérieux.

Et ces deux volumes ne suffiraient pas.

Mais allons au but.

« *Tentatives des Religions et des philosophes pour combattre les inharmonies de la nature humaine.* »

M. Metchnikoff frappe contre l'animisme, « si étendu par le monde, et souvenir des sauvages, comme dit Taylor. Seuls peuvent croire en l'immortalité de l'âme, les sauvages et les métaphysiciens!!..*Les Espagnols, à l'anniversaire de leurs défunts, mettent du pain et du vin aux tombes* »(1). Jusqu'à Zola, qui craignait beaucoup de mourir, qui s'est trompé comme tant d'hommes de génie.

Il n'y a pas d'immortalité qui vaille, puisque ce qui s'appelle âme immortelle se dépouille avec le corps : les spermes et les ovules doivent contenir les germes de la conscience individuelle (p. 205).

Les idées d'immortalité et de vie future furent inventées pour calmer le désir de vivre qu'éprouvent les hommes et pour remédier à la crainte de la mort. Voilà ce que disent Budha, Confucius, Lao-Tseu, Socrate, Platon, Aristote, Cicéron, Sénèque, Marc-

(1) Il suppose celui-ci le *super-homo*, pour ne pas le nommer autre chose, que nous croyons, nous les Espagnols, que les défunts vont boire le vin et manger le pain? Nous ne sommes pas des papous. Mais c'est ainsi que nous traitent certains Français. Ce n'est pas seulement Metchnikoff : j'ai en vue divers livres d'Anthropologie et un tout récent d'Alfred Fouillée : *Esquisse psychologique des Peuples européens*, Paris, Alcan 1903, — qui nous présente comme nous disant notre fait.

Aurèle, Schopenhauer, Hartmann, Tolstoï, Mailaender, Max, Nordau et Guyau.

Mais, contre Büdha, ont écrit Buchner et Hœckel ; contre Confucius et Lao-Tseu, Réville ; et contre tous, la science contemporaine qui nous dit *que la fin de la vie est le règne de la culture, pure et parfaite.* Les tentatives des Religions et des philosophes, pour remédier à tant de maux, ont été infécondes et stériles. »

Je pardonne, comme Espagnol, l'ignorance qu'on a de nous, et ne cherche pas à adoucir toutes les preuves psychologiques et *tombatives*, en faveur de l'immortalité de l'âme; d'abord, parce que ce n'est point nécessaire, étant donné «le raisonnement » de M. Metchnikoff, appelons-le ainsi ; ensuite, parce que cette lettre se transformerait en livre.

Mais, examinons quelques pensées ;

La cause de la crainte de la mort et du désir d'immortalité ont-ils été les phagocytes neurophages, ou bien l'imagination fiévreuse des philosophes et des fanatiques ?

La crainte de la mort, ou bien l'amour

suprême de la vie, qui est la passion des passions, nous a-t-il suggéré l'idée d'immortalité ?

Si, comme l'avoue le biologue de l'Institut Pasteur, dans le *onzième chapitre*, «le désir de vivre toujours *a des racines profondes dans la nature humaine et vient à être comme la soif et la faim du corps* », je crois qu'il n'est pas facile de l'*inventer*, parce que l'inventeur aurait *inventé* les entrailles mêmes de la nature. Il serait curieux d'examiner quel il fut, pour Buchner et Hœckel, « autorités prestigieuses, impartiales et indiscutables en cette question » ; on devait le citer comme de juste, ainsi que Louis Bourdeau, qui a écrit une œuvre, déjà citée, où il démontre son ignorance manifeste des preuves établissant l'immortalité de l'esprit.

Si cette idée, ou ce désir de vivre toujours, a de profondes racines dans les entrailles de la nature de l'homme, vous ne nierez pas que, pour étouffer ce désir ou évanouir cette idée, il est nécessaire, pour le moins, de diviser le pneumogastrique ; et il faut arra-

cher entièrement le cœur, extirper les racines de ce viscère, cause de nos infortunes
morales, comme le gros intestin l'est des organiques, de la dyssenterie dans le Tonkin,
et des tumeurs malignes dans les hôpitaux
de Vienne. Il faudrait encore la mort pour
«*les zoospermes et les ovules, ces germes
de la conscience individuelle et embryon-
naire* » ; il faudrait empêcher, de cette manière, l'accroissement de ce « spectre horrible », qui nous ennuie en cette vallée avec
ses accusations effrayantes et sa voix dirigée
vers l'infini. Alors, M. Metchnikoff pourrait
vivre en sa ville, et comme lui, tous ses collègues athées. Mais, décidément, ce n'est pas
œuvre facile, le *bistouri en arrêt*, de tenter
cette entreprise gigantesque.

De ce que l'âme se développe *avec le*
corps, il ne résulte pas qu'elle **se con-**
fonde *avec lui.* C'est identifier l'étincelle
avec la pile électrique et la chaleur avec la
vapeur. De ce qu'une chose est la condition
préliminaire pour qu'une autre manifeste
son énergie ou sa vertu, on ne peut déduire

leur identité. Les organes sont des « conditions » pour que l'âme puisse fonctionner, parce qu'elle est substantiellement unie au corps ; la volonté et l'intelligence dépendent intrinsèquement ou objectivement des facultés sensitives, comme le peintre (qu'on nous permette cette comparaison grossière) dépend des couleurs et du pinceau, et le sculpteur, du burin et du marbre ou de la pierre dure. Il n'arrive à personne de confondre le pinceau avec le peintre et le sculpteur avec le burin ou avec le granit.

L'imagination influe réellement sur l'intelligence ; c'est la condition préliminaire pour que l'entendement élabore l'idée *universelle et abstraite*.

Mais, jamais on ne démontrera que soient identiques l'idée et l'image sensible, parce que le sensible et le matériel est toujours concret et déterminé; et l'idée ne se confond pas avec lui, par conséquent, elle ne peut s'enfermer, dans le mur de la matière, comme un député sur la liste des « enfants exposés », parce que tous les phénomènes matériels sont limités par l'espace et le temps.

Et alors : quelle limite de temps et d'espace assigner aux idées universelles et abstraites que l'homme se forme, par exemple, sur l'effet et la causalité, sur l'ordre et le désordre, sur le nécessaire et le contingent, sur le fini et l'infini, sur le vice et la vertu, sur la justice et l'imposture, sur la fidélité et la trahison, sur le bien et le mal, sur la vérité et le mensonge, sur l'extension, sur la figure et la couleur, etc, etc ?

Taine, déjà cité, le déclarait, et ce n'est pas un auteur suspect.

Donc, intrinsèquement et subjectivement, ces idées ne sont pas matérielles, parce qu'elles ne tombent pas sous le déterminé, sous le concret ; donc, elles ne dépendent pas de la matière parce qu'elles sont éternelles et demeurent bien au-dessus du temps et de l'espace ; donc, elles sont *spirituelles*.

Et comme l'effet ne peut être supérieur à la cause, de la nature de ces idées immatérielles et spirituelles se déduit la nature immatérielle et spirituelle de la faculté qui les élabore ; et par la nature de cette faculté, nous arrivons à la connaissance de la nature immatérielle et spirituelle de la substance ou de l'âme qui la possède, comme par les fruits on connaît l'arbre. Donc, si cette substance ou âme, ne dépend pas de la matière en ses actes spécifiques, il n'y a pas de raison pour qu'elle cesse de subsister, quand le corps corruptible se dépouille, dans le sépulcre. Donc, l'âme est immortelle.

Peuvent seulement nier cet attribut les matérialistes et les athées, hommes véritablement *privés d'âme.*

Vous, cher ami, qui êtes médecin et philosophe, vous savez que je laisse bien haut les autres raisons très puissantes de la psychologie par lesquelles se démontrent, jusqu'à l'évidence, la spiritualité et l'immortalité de l'esprit, de cet hôte généreux qui habite en nous ; raison de force souveraine pour confondre Buchner, Hœckel, Metchnickoff, Bourdeau et tous les matérialistes du monde.

Et vous savez que ces raisons s'appuient sur des faits positifs, plus conformes à l'expérience que ceux de la science qui se nomme ainsi pàrce que pour « la voir » je n'ai pas à me rendre à l'Institut Pasteur ni au Laboratoire de Wundt : il suffit de *l'introspection.*

Quant à ce que dit la science «que la fin de la vie est le règne de la culture pure et parfaite », je n'ai qu'à demander en quel chapitre et en quelle classe de sciences il le dit et quel est le genre de culture invoqué par ce monsieur. Car, il est bien légitime et bien noble que l'homme s'illustre avec l'étude des phagocytes, des bacilles, des alcaloïdes et des toxines, des mollusques et anatifes, etc. Mais tout cela, quel rapport a-t-il avec le cœur et la morale ? Nous demandons en quoi il convient de supprimer la morale et d'extirper le cœur et la « conscience des zoospermes et des ovules, » parce qu'ils sont l'origine de ces inharmonies » épouvantables des grands problèmes fondamentaux qui intéressent tant l'humanité,

Comment résoudre ces difficultés et remédier à ces inconvénients ?

« Voyons, dit M. Metchnikoff, ce que la science peut faire en cette question. Ecoutez, cher ami. Rapidement, « l'illustre Robert Kok découvre le bacille du choléra et de la tuberculose, bien qu'il se trompe dans celui de la lymphe ou tuberculine ; Jersin et Kitosato découvrirent celui de la peste bubonique : avant eux, Jenner a découvert la vaccine contre la petite vérole; après eux, Pasteur fit des prodiges contre la rage, et Lister a inventé la méthode antiseptique qui a donné et donne d'excellents résultats dans les opérations chirurgicales : M. Metchnikoff a eu le bonheur de rencontrer des baccilles variés et de formuler, comme personne, la théorie des phagocytes (1); d'autre part, aujourd'hui, la science lutte contre l'appendicite ; on travaille incroyablement contre les tumeurs malignes, et l'on est en voie de guérir le cancer ; la sérothérapie et l'opothérapie, etc. progressent à pas de géant ; la

(1) Ceci, lui ne le dit pas ; je le dis, moi.

science guérit la diphtérie et les fièvres intermittentes, ce que n'ont jamais fait la Philosophie ni la Religion...

Donc, ils blasphèment, Tolstoï, Brunetière et d'autres, quand ils disent que la science ne résout pas les *problèmes fondamentaux* ; *donc, la Morale* doit avoir une base scientifique, comme l'ont proclamé, il y a des années, Buchner, Hœckel et d'autres. Mais, cette Morale doit s'établir scientifiquement, c'est-à-dire sans l'idée de Dieu ni de l'immortalité, ni d'autres affirmations métaphysiques. Parce que toutes ces idées forment une erreur notoire en ce qu'elles ont parcouru, depuis les hommes sauvages jusqu'aux génies, — sans doute par ce que dit Salomon : *Ce qui augmente la science, augmente les douleurs.* Par cela peut-être les tendances à la lumière scientifique sont nuisibles au genre humain, comme le vol des papillons nocturnes vers la lumière qui les brûle. »

Telle est la doctrine du biologue de l'Institut Pasteur. Il me semble qu'il n'est pas nécessaire de commentaires ; personne, s'il n'est microcéphale ou insensé, ne peut nier les avantages matériels que la science a procurés au genre humain. Ils se voient et se touchent à toutes les heures, et devant les célèbres savants qui ont découvert et conduit à leur terme de telles merveilles utiles, tout homme doit se découvrir et s'incliner. Je m'incline et me découvre devant la doctrine de M. Metchnikoff, quand il parle et écrit seulement sur la science, et avec plus de raison devant les noms de Jenner, Pasteur, Kock et Lister, etc. etc., et je bénis la mémoire de ces bienfaiteurs de l'humanité.

Mais, répondez-moi, vous, homme de Dieu :

Quelle relation y a-t-il entre cela et les « problèmes fondamentaux que renferment toute classe de bacilles et virgules, de microbes inaccessibles au bistouri et à la vaccine, aux réactifs et au microscope ?

Il est certain que la science console, d'une certaine manière, quand elle calme (et elle n'y parvient pas toujours) les douleurs organiques. Mais, quand donc et où est-elle parvenue non à calmer, mais à diminuer les douleurs de l'âme ? Il convient de le savoir une fois pour ne pas *calomnier* la science qui n'a point fait,—non,—banqueroute, *parce qu'elle n'a jamais promis de pareilles choses*, parce que son action « atteint seulement l'épiderme de l'humanité, non l'esprit que l'humanité porte à l'intérieur. Ceux qui ont fait faillite, avec le discrédit de la science elle-même, sont quelques hommes de science qui en usurpent le nom pour traiter des questions plus hautes que la platine du microscope ; pour envahir des champs qui ne leur appartiennent pas, pour promettre ce qu'ils ne peuvent et ne pourront jamais accomplir, pour confondre avec les problèmes spirituels l'opothérapie et la sérumthérapie, pour parler de... l'architrave, comme le fait M. Metchnikoff, et faire voir le règne, non de la « culture pure et parfaite » mais celui de la Pédanterie, au dire d'Auguste Comte.

Laissons ces considérations, et demandons

avec Metchnikoff, comment on peut remédier aux douleurs du cœur, et aux aspirations infinies de l'âme, éteindre le désir et l'idée d'immortalité, faire que les vieux aient l'instinct de la vieillesse et de la mort et se persuadent ainsi que n'existent ni la vie future ni autres choses semblables. Ah ! « la science peut y remédier avec l'étude de la vieillesse ; je n'ai qu'à m'éloigner de cette lumière pour trouver le chemin de la consolation et de la vérité, comme s'éloignent ou dévient ceux qui professent quelque Religion ; il convient de n'en avoir aucune. »

Vous verrez : « la science possède des données peu nombreuses, mais sûres, pour aborder ces problèmes qui dépendent exclusivement de la vieillesse. Il est certain que, pour le moment, il n'y a pas de remèdes contre la vieillesse ; mais, c'est parce qu'elle ne les connaît pas. » M. Metchnikoff se permet de dire à la science : « Quelques espèces d'oiseaux se distinguent par la longue durée de leur vie, entre eux sont les perroquets, ou mieux les petites perruches de l'Amérique du Sud : un *individu*, le *Chrysotis amazonica*, qu'étudie M. Metchnikoff, était plus qu'octogénaii . Alors : plusieurs années avant sa mort, cette perruche avait les symptômes de la dégénération sénile, elle était moins vive et moins nerveuse ; son plumage, sans donner des signes de *vieillesse*, avait beaucoup perdu de son éclat normal ; dans les articulations de ses pattes, il avait des signes évidents d'arthritisme...

Entre les mammifères, les symptômes de la vieillesse sont plus notoires que dans les oiseaux, par exemple ; en ceux du genre *Canis familiaris* (Lin.) les poils perdent leur lustre et les dents deviennent moins aiguisées, et les yeux s'éteignent peu à peu, jusqu'à la cécité complète.

Les indigènes de Bornéo ont vu de vieux orangs-outangs sans dents ; et de même la vieillesse de l'orang-outang et celle du gorille rappellent la vieillesse de l'homme.

Donc, elle n'est point un *privilège* de l'espèce humaine, la dégénération sénile considérée par tout le monde comme une des plus grandes infortunes. Les hommes anciens connaissent qu'ils ont accompli leur mission, dit Longet, et se méfient de tout et de tous ; ils sont susceptibles et insupportables, etc. etc. Sans aucun doute la vieillesse est un état bien triste, dont nous devons aborder l'étude bien avant ».

De quelle manière ?

« Nous savons que les animaux vieux sont difficiles à peler et à manger ; la chair d'un vieux poulet ne peut se comparer à celle d'un jeune. Et le tout, parce que les organes de celui-là sont devenus durs (naturellement), c'est-à-dire qu'ils ont souffert de *sclérotite*, qui s'appelle *cirrhose rénale* dans le rein, *cirrhose hépatique* dans le foie et *artériosclerosis* dans les artères. Et c'est parce que le tissu conjonctif l'envahit en plein, et les cellules *neurotiques* se substituent aux nerveuses vraies ; les vertèbres se soudent, les cartilages s'ossifient, etc. etc., et le tout est une calamité. »

C'est bien. « La science peut-elle aujourd'hui préciser quels sont les principaux changementsque supportent les tissus *séniles* ? Oui ; déjà nous l'avons dit avec Merkel, la vieillesse est une lutte terrible entre les éléments nobles et grossiers ; le tissu conjonctif hypertrophié est la faute du tout ; par suite, sont responsables d'une si grande calamité, les phagocytes *neurophages* qui se divisent en macrocéphales et microcéphales, ou grands et petits ; qui d'abord amis deviennent ennemis ; puis, les grands nous guérissent à l'âge adulte des lésions mécaniques, et les petits nous délivrent des microbes pathogènes. Mais, dans l'état sénile, les uns et les autres, les petits plus que les grands, dévorent les cellules nerveuses et les globules blancs du sang, qui nous font tant de bien. Marinesco, autorité en la matière, ne croit pas à ces phénomènes ; mais ils sont ainsi : nous l'avons *vu* en la perruche de l'Amérique du Sud. De là (non de l'Amérique), procèdent les cheveux blancs, puis les phagocytes dévorent les cellules pigmentaires ; de là, procèdent la porosité des os et la sclérotite sous toutes ses formes ; c'est là que prend son origine la vieillesse anormale et pathologique, qui est un mal chronique. Et de la même manière qu'on remédie aux autres maux, nous pouvons remédier à celui-ci, qui est le pire de tous ».

Comment ?

« En renforçant les éléments nobles et débilitant le pouvoir destructeur des phagocytes ».

« Et cela est possible : Qui en doute ?

Aujourd'hui, on ne le sait pas ; mais, on parviendra à le savoir ; on inventera un sérum spécifique pour l'obtenir. C'est la voie rationnelle.

« Presque toutes les infirmités procèdent de venins et d'intoxications : la syphilis occupe une place prééminente, elle est la cause de l'*arteriosclerosis*, comme l'a démontré Edgren, médecin suédois (1); et de plus, elle produit la paralysie générale. Ajoutez-y la multitude de microbes qui vivent dans le

____

(1) Ceci et bien d'autres choses que dit M. Metchnikoff sont vraies. Ce que nous nions, c'est la conséquence qu'il en tire.

gros intestin de l'homme, et vous aurez expliqué sa vieillesse pathologique ».

Ami-docteur, veuillez me dispenser de commentaires pour le moment et je continue à traduire parce que le texte est délicieux.

« En supprimant le gros intestin, en combattant la syphilis et en atténuant le pouvoir phagocytaire ; en déclarant une guerre à mort à la cuisine moderne, aux restaurants, hôtels et cabarets qui contribuent à perdre le tube digestif de la femme et de l'homme avec leurs sauces et leurs mélanges ; en revenant au manger simple de nos ancêtres (p. 379) anthropoïdes, etc. etc., nous serions plus heureux, nous vivrions plus et beaucoup plus tranquillement, on perdrait l'instinct de la mort et de la vieillesse, et l'idée de la vie future s'évanouirait comme un songe avec ses cauchemars.

Mais hélas ! à apprécier tous les progrès de la chirurgie, il est inutile de penser aujourd'hui à l'élimination du gros intestin avec le bistoùri (p.328). Plus tard, on y arrivera peut-être. Jusqu'à présent, il faut lutter contre les microbes qui nous ennuient. La méthode indiquée pour cela, c'est l'usage du lait stérilisé ou du *Kéfir*, ou du lait qui a subi la fermentation lactique et alcoolique ».

Ne mangez point ce qui est cru, et moins encore les chairs d'animaux d'un certain âge.

Supprimez l'alcoolisme et ne soyez point pessimiste; fortifiez les cellules nerveuses de la substance grise et blanche contre les neurophages, petits et grands; évitez les choses nuisibles et soyez modéré en tout, comme le conseille la *Macrobiotique* de Hufeland, qui est l'art de prolonger la vie, art qui demeure à acquérir.

Les anciens vivaient beaucoup plus que nous, et il paraît vrai, ce que dit la Bible, des centaines d'années que ces hommes avaient devant eux. Ce fut sans doute parce que n'existait pas la syphilis, cause de l'arterio-sclerosis et de la dégénération. Mais, ne croyez pas que vous allez vivre neuf cent quatre-vingt-dix-neuf ans comme Mathusalem. Au plus, vous vivrez cent vingt ou cent quarante années, et ce n'est pas peu.

CHAPITRE XI.

ÉTUDE SCIENTIFIQUE DE LA MORT.

Mais, à quoi nous servira-t-il d'avoir enlevé le gros intestin, si vous devez mourir ensuite ? Cher ami, « l'immortalité est exclusivement le propre des êtres inférieurs. Là, sont les infusoires qui se reproduisent par sisciparité ou par division ; et les annélides, comme les *Naïdimorpha* et les *Chœtogaster*, et d'autres êtres nombreux qui adoptent le même procédé. Les *immortels* ne sont pas désormais ceux de l'Académie française, ni ceux de toutes les Académies possibles ; de même que le *sang bleu* seulement se voit apparemment dans quelques invertébrés, « ainsi l'immortalité est l'enviable privilège des êtres inférieurs. Jusqu'aux limaçons et beaucoup d'autres mollusques, aux tritons, aux lézards, aux salamandres, qui renouvellent facilement et promptement les organes supprimés dans leurs corps ».

L'homme, et en général les mammifères, sont les uniques infortunés : s'ils perdent un bras ou une jambe, qu'ils n'attendent pas la naissance d'une autre jambe ou d'un autre bras. Dans le monde, il n'y a pas la mort naturelle ; existe seulement la mort accidentelle ou violente ou pathologique ; les statistiques trompent et les médecins mentent. Il y a seulement un cas de mort naturelle, et c'est celui des éphémères (insectes pseudo-neuroptères du groupe des libellules), qui vivent beaucoup de temps à l'état de larve, et quelques heures seulement à l'état adulte. Ainsi, « les individus du genre *Palingenia virgo* se voient, dans la matinée, en bandes sur les bords de la Seine et le soir ils tombent morts ; et ils meurent précisément dans l'acte de leurs amours. *Il serait fort curieux d'examiner ce qu'expérimentent ces petits animaux à se sentir mourir au moment même de la reproduction*. Et c'est là le problème. Il n'y aura aucune relation entre la mort des éphémères et celle de l'homme ? » (p. 357.)

Ce qui le résout, c'est l'extraction de l'appendice du cœcum, *gratis*.

La question est difficile, mais importante pour l'humanité.

Le « certain, c'est que l'homme ne meurt pas de mort naturelle, comme les éphémères ; mais, de mort artificielle et pathologique, et n'a jamais l'instinct de la mort et de la vieillesse. Seuls, les vieux de cent quarante à cent quatre-vingts ans, comme ceux de la Bible, comme Abraham, Mathusalem, Job, etc., doivent, ou ont dû avoir cet instinct puisque la Sainte Ecriture dit qu'ils moururent pleins de jours, *pleni dierum* » (1), ce qui ne signifie pas autre chose. Si nous pouvions aujourd'hui renouveler cet instinct de la vieillesse et ce désir de la mort, viendrait pour l'homme la mort

(1) Les citations que fait Metchnikoff de la Sainte Ecriture sont bien appropriées.

naturelle, et avant elle s'évanouirait, comme une ombre, l'idée de la vie future. Mais, cette opération est la plus difficile et la plus délicate de toutes, parce que, comme nous le disions tout à l'heure, le désir de vivre et la crainte de la vieillesse et de la mort ont de profondes racines dans la nature humaine : pour cela, l'homme qui aime ainsi la vie, croit mieux la vie éternelle que les changements de l'instinct.

Il me semble, cher Docteur, que je ne vous ai pas trompé en vous annonçant que cette lettre serait plus scientifique et plus amusante que la première.

Oh ! si les yeux ne se ferment pas à la lumière, on ne peut nier que ceci est « très scientifique et très délicieux. »

J'ai peu d'observations à faire sur les paroles de M. Metchnikoff, lequel n'est pas optimiste, mais nihiliste, pire encore que les Russes et les Italiens de cette espèce. Parce que ce qu'il cherche lui, c'est que disparaissent pour toujours l'horreur instinctive de l'homme pour la mort et la vieillesse, et le désir de vivre.

Comme s'il disait : « Il est dommage qu'en nos entrailles mêmes nous portions ce désir et cet instinct qui prouvent l'immortalité. Parce que s'ils n'existaient pas, c'est-à-dire, si la nature humaine n'était pas ce qu'elle est, et si l'âme rationnelle n'était ni rationnelle ni âme, alors disparaîtraient les idées d'immortalité et de vie future. Le matérialiste aurait obtenu un triomphe supérieur à celui de Morayta, à Madrid, et à celui de Combes, à Paris.

Puisque cela n'est pas facile à réaliser, consolons-nous avec ce que la science (la sienne évidemment) nous dit de nier *ces erreurs métaphysiques* et de proposer la réforme de la nature humaine, en la tournant à l'envers ou en en créant une autre nouvelle et plus harmonique. »

Ne vous paraissent-elles pas modestes les prétentions de ce Jupiter olympien, qui essaye de s'égaler à Dieu ? Excusez-moi de vous dire si la science future parviendra à donner la raison à ce **super-homo**. Je crois que, malheureusement, M. Metchnikoff ne le verra pas, ni non plus sa femme. Ils pourront, les sages du quarante-troisième siècle, renforcer tout ce que demandent les cellules nerveuses contre les éléments phagocytaires, empêcher que s'hypertrophie le tissu conjonctif et aller, en compagnie des *neurotiques*, en les substituant à celles-ci.

Je crois qu'alors et toujours la crainte de la mort et de la vieillesse seront aussi intenses qu'aujourd'hui et que l'idée de l'immortalité et de la vie future continuera d'illuminer les horizons de toutes les consciences honnêtes. Il ne sera pas vrai qu'alors on puisse étouffer la conscience comme un poulet dans « les ovules et les zoospermos. »

Vous voyez là ce que sont les causes. Louis Bourdeau, qui n'était pas précisément biologue, mais philosophe aussi mauvais que Metchnikoff, émet l'opinion (1) que la mort est bien naturelle, et rappelle la poétique

(1) Il mourut le pauvre : B. E. P. D.

dolcezza del morir, de Léopardi, et continue comme un désespéré.

« L'Éternité serait insupportable, puisqu'elle se réduirait à des gémissements et à
des baillements ; et la mort n'existait pas,
il faudrait la demander comme une grâce. » (1)

Evidemment, Louis Bourdeau était pessimiste, comme les *coccinelles*.

Il y a d'autres sages optimistes, qui loin
de croire, comme M. Metchnikoff, que l'homme
doit mourir à la fin, soutiennent qu'il peut
encore allonger sa vie jusqu'à cent quarante
ou cent quatre-vingts années ; *ils* espèrent
que la science arrivera un jour à supprimer
la mort naturelle « et nous parlent de l'immortalité du protoplasme, des infusoires et
des annélides, et même de l'immortalité du
protoplasme germinatif dans l'homme.

Ceci, oui, est « l'optimisme scientifique »
et non les utopies du biologue de l'Institut
Pasteur.

(1) Le Problème de la mort, Madrid, 1902. P. 312 et
318.

Mais, j'ai cherché de toutes parts le fondement de ces espérances, et je déclare sincèrement que je ne l'ai point trouvé. Elles me paraissent aussi vides et aussi ridicules que les réincarnations spirites et l'immortalité de tous les protoplasmes et de tous les noyaux.

Cher ami, il est nécessaire aujourd'hui de dire la vérité, la visière à la main, et avec de forts poumons, devant tous, quels qu'ils soient, et en tous lieux.

Là ne parle pas la science ; mais, l'orgueil ou la folie,

Sinon, qu'on prouve le contraire, au nom de la science, que je mets très haut ; mais, qu'on le prouve sans la déprécier. L'immortalité des annélides et des infusoires, celle des éléments générateurs de l'homme, n'est ni l'immortalité ni une chose qui la paraisse.

Je suis allé le voir dans l' « Etude de l'héritage », en consacrant un chapitre à l'examen de tous les aspects de la question ; j'ai observé des millions de fois, au microscope, les infusoires des genres « *Colpoda Paramaecium, Opalina,* etc. etc. ; je les ai vus se diviser, et par milliers, ils ont disparu entre le porte-objets et mes doigts ; à lire cette parole *immortel* appliquée à un être protozoaire, je me propose le suivant dilemne :

« Ou l'humanité est folle et je n'ai qu'à varier la signification des paroles dans toutes les langues du monde ; ou ils se trompent ceux qui s'appellent *des sages expérimentaux,* parce que *immortel* signifie *ce qui ne peut mourir,* et seulement dans le sens figuré veut dire, *ce qui vit beaucoup de temps.* »

Et maintenant, appliquant cette idée aux individus et aux espèces des infusoires et des annélides, et au plasma germinatif de l'homme, on voit très clairement qu'il n'y a pas de telles pensées d'immortalité, parce qu'il est évident que les individus meurent et que à la division de l'infusoire, de l'annélide ou du plasma générateur humain, disparaît l'individualité ; que l'espèce, considérée

objectivement comme une réunion d'individus, meurt aussi, selon ce que nous savons
par la Paléontologie, par laquelle on prouve
que sont morts « sans espoir de résurrec-
tion »,depuis les géants *Megathérium, Dino-
thérium et Helladothérium*,jusqu'aux hum-
bles *Nummulites* des Pyrénées et des Alpes,
de l'Altaï et de l'Himalaya. Et ce qui a succé-
dé alors est en voie d'arriver avec des espèces
actuelles variées et arrivera avec toutes,
si Dieu n'y remédie. Donc, que signi-
fient les phrases sonores et vides de « protoplasme *immortel* d'infusoire *immortel*
et d'annélide *immortel* !

Puis, ils veulent dire que les individus,
les espèces *sont immortels*, **jusqu'à ce
qu'ils meurent.** Et ils mourront, oui, monsieur, n'en doutez pas ; parce qu'ils por-
tent, en leurs entrailles, le cancer de la
matière corruptible. Et ce cancer ne guérit
pas.

DERNIER CHAPITRE.

Résumé et conclusions.

Consolation de la Philosophie scientifique.

« L'homme né du singe, (1) a hérité
d'une organisation adaptée au milieu : avec
un cerveau plus grand que celui des ani-
maúx restants, il a *évolutionné* beaucoup et
brusquement, et c'est de là que tiennent
leur origine toutes les inharmonies organi-

(1) Metchnikoff ne fait pas même savoir que les *pères
primitifs,* avec lesquels nous unissent les transformistes
ne sont pas les anthropoïdes qui vivent aujourd'hui ;
mais, d'autres anthropoïdes qui ont disparu sans laisser
des racines de leur arbre généalogique. Et l'homme
n'est pas le frère de l'orang-outang ou du gorille ; mais
en provient au premier degré, ou au second, ou au troi-
sième.

ques, dont la pire est la vieillesse pathologique avec l'impossibilité d'acquérir l'instinct de la mort naturelle. De là, procèdent
aussi les *conceptions infantiles* et erronées
de l'immortalité de l'âme et de la résurrec-
tion du corps et d'autres dogmes différents
que cherchent à imposer les fanatiques
comme des vérités révélées. Mais, l'intelligence humaine proteste contre ces croyances d'ordre si primitif (p. 371). Ah ! l'humanité malheureuse ne croyait pas à la
science, et devait la croire ; mais la science,
sûre des méthodes qui la guident, continue
tranquillement son œuvre, et peu à peu
répond aux hautes questions du genre humain.

D'où venons-nous ? Certes, des anthropoïdes ; l'homme est comme un de leurs avor-
tons (p. 372), né au septième mois, une
figure contrefaite.

Où allons-nous ? Certainement, au néant
complet (je crois que c'est à la stupidité ou
au limbe) ; et cela sans remède, parce que

l'immortalité se donne seulement aux êtres inférieurs.

Lasciati ogni speranza, dit le chantre immortel de Béatrix.

Cette base donnée, la *Morale* doit être fondée, non sur la nature humaine corrompue, comme croient les fanatiques ; mais, sur la nature humaine *idéale*, comme elle sera dans l'avenir. Pour réaliser une telle entreprise, nous disposons de *l'Ortobiosis*, qui change les inharmonies en harmonies, en commençant par modifier la vieillesse. Il y a des difficultés innombrables à cause des préjugés et des préoccupations dans les autopsies. « Une fois qu'il sera convenu que ni la Religion ni la Métaphysique ne résolvent le problème de la félicité et de la mort », il restera seulement la science positive pour y parvenir ; et elle le fera (p. 376). Le vrai progrès consistera à éliminer les fautes d'harmonie et à rétablir la vieillesse psychologique et la mort naturelle ; il n'y a qu'à supprimer la cuisine moderne et à revenir au manger simple de nos ancêtres, c'est là le vrai progrès (p. 379) ; il faut *tuer* le luxe, parce qu'il n'est pas conforme à la loi générale de l'évolution de l'univers (p. 380). Avec ces causes et d'autres, la vieillesse ne sera pas égoïste, ni une charge inutile, mais profitable à l'humanité ; il n'y aura point de politiques jeunes qui sont la source de malheurs, mais de vieux expérimentés ; et la politique et la justice seront parfaites. Quand chacun aura reconnu la fin de son existence et pris, comme idéal, son évolution morale, les hommes auront un guide assuré de la vie pratique (p. 383). Autrefois, le lien qui unissait les hommes était l'idéal religieux : puis, ce fut la Patrie. Aujourd'hui sont rompus ces liens, comme l'est aussi celui des *monoglotismo*. On tend à la solidarité internationale, et la même fin (le néant) servira de lien à tous les hommes. L'étude de la vieillesse ou *Gérontologie*, et celle de la mort, ou *Tanatologie*, détermineront une révolution dans la vie du genre humain. Il sera difficile qu'apparaisse l'instinct naturel de la mort ; mais, il y a des espérances fondées sur la suppression des organes rudimentaires (p. 386).

Il y aura des gens pessimistes qui ne veulent point avoir des enfants, considérant que le néant est leur fin ; mais, il y en aura d'autres qui verront la félicité véritable, en jouissant de l'instinct de la vieillesse et d'une mort physiologique. Pour arriver à cet idéal très noble, une activité persévérante est nécessaire : la première chose qui doive se faire, c'est que tous les hommes *croient au pouvoir sans limite de la science* et repoussent les superstitions nuisibles. Il faut les réformer en tout ; et alors, ils auront une politique et une morale complètement nouvelles. Les hommes *perdront la liberté* ; ils *gagneront la solidarité*, et il y aura moins d'égoïsme.

Mais avant tout et surtout, « il est indispensable d'avoir foi dans la science. »

CONCLUSION.

Cher Docteur, ne dites pas : méflez-vous, méflez-vous pour fuir ces doctrines du biologue de l'Institut Pasteur. Considérez que c'est un *Essai de Philosophie opti- miste !* dont vous, les médecins, devez faire la propagande ; mais, en donnant l'exemple avant personne, parce que sans exemple, il n'y a point de prédication profi- table.

Vous le savez déjà : formez de petits con- seils sur le pouvoir sans limite de la science, arrachez-vous les dents de sagesse ; que le docteur Cervera vous enlève, pour le moins, l'appendice du cœcum ; que les disciples de Charcot (puisque le Dr Simarro ne le fait point) vous renforcent les cellules nerveu- ses et musculaires ; usez constamment du Képhir et n'oubliez pas d'en emporter toujours un flacon dans vos poches ; jetez, par la fenêtre, les mets des cabarets, des hôtels et des *restaurants*, ne perdez pas de vue la *Macrobiotique* de Hufeland, la *Gérontologie* et la *Tanatologie* de Metchnikoff, etc... vous aurez constitué l'idéal de *l'Ortobiosis* ; vous vous délivrerez des microbes et du ténia et de la dégénération sénile.

Et alors, mon ami, vous vivrez au moins cent quarante ans ; vous attendrez la mort avec une tranquillité merveilleuse, le sourire aux lèvres et la joie dans le cœur, et vous mourrez *plenus dierum* ; comme Adam, Jacob, Mathusalem. Pour vous existera non le règne des cieux, mais « le règne de la culture pure et parfaite » que je vous désire. Amen.

De vous le très affectueux S. S. et A. Q. L. B. L. M.

P. Zacarias Martinez-Nuñez,

O. S. A.

CHAPITRE COMPLÉMENTAIRÈ.

Aux lettres qui précèdent, nous croyons utile d'ajouter les observations d'un grand médecin de Montpellier.

Le Dr J. Grasset vient de publier un article sur M. Metchnikoff et l'a intitulé : *La fin de la vie.*

Il ramène à trois thèses les assertions de Metchnikoff et s'efforce de les réfuter. En voici les conclusions.

« 1. — L'ancienne notion de la mort, terminaison naturelle et nécessaire de la vie, reste parfaitement défendable. En distinguant bien la durée de la vie et la durée de l'être vivant, en séparant la durée de l'être vivant et la durée de l'espèce, on peut encore dire que la vie a une durée illimitée, l'espèce a une durée très longue, peut-être indéfinie, mais l'individu a une durée limitée.

« 2. — Si la mort de l'homme, telle qu'on l'observe, n'est pas sa mort naturelle, terminaison psychologique d'une vieillesse normale avec satiété de la vie, rien ne prouve que la médecine et l'hygiène nous permettent jamais d'atteindre ce but et d'obtenir, pour l'homme, cette longévité physiologique terminée par la mort naturelle.

« 3. — Ce résultat serait-il réalisable, ce but proposé à l'homme ne suffirait jamais pour satisfaire sa curiosité, ses besoins et ses aspirations sur sa destinée. La suppression, même idéalement complète, des désharmonies physiologiques, ne supprimerait pas les désharmonies psychologiques, dont l'existence et la conscience sont encore bien plus sensibles. La recherche de la longévité et de la mort naturelles ne peut pas constituer le fondement de la morale, parce que dans cet élément, comme dans tous les éléments tirés de la biologie, il n'y a aucune place pour l'obligation. »

L'effort de M. Metschnikoff prouve une fois de plus « l'impuissance de la biologie à fonder la morale et à résoudre le problème de la destinée humaine ».

L. de Casamajor.

ERRATA

Nous prions le lecteur de faire les corrections suivantes.

Page 14, ligne 1, au lieu de *libre-penseurs,* lire *libres-penseurs.*

— 16, lig. 12, — — *intéressante,* lire *intéressants.*

— 17, lig. 8, — — *Schopenpauer,* lire *Schopenhauer.*

— 21, lig. 6, — — *celui-ci là-bas,* lire *celui-ci donne là-bas.*

— 26, lig. 8 et 9,— — *bioénie,* lire *biogénie.*

— 26, lig. 14, — — *orme,* lire *forme.*

— 30, lig. 2, — — *amusant,* lire *amusante.*

— 41, lig. 5, — — *le hymus,* lire *le thymus.*

— 41, lig. 6, — — *le hyroïde,* lire *le thyroïde.*

— 47, lig. 9, — — *hypertrofié,* lire *hypertrophié.*

———————

TABLE DES MATIÈRES

Documents manquants (pages, cahiers...)
NF Z 43-120-13